Olaf Hermanspann

Nachbau eines Urei-1176 LN

Vergleich von Nachbau und Original

GRIN Verlag

Bibliografische Information der Deutschen Nationalbibliothek:

Die Deutsche Bibliothek verzeichnet diese Publikation in der Deutschen Nationalbibliografie; detaillierte bibliografische Daten sind im Internet über http://dnb.d-nb.de/ abrufbar.

Impressum:

Copyright © 2014 GRIN Verlag GmbH
Druck und Bindung: Books on Demand GmbH, Norderstedt Germany
ISBN: 978-3-656-91976-6

Dieses Buch bei GRIN:

http://www.grin.com/de/e-book/294355/nachbau-eines-urei-1176-ln

Nachbau eines Urei-1176 LN

Vergleich von Nachbau und Original

Campus: SAE Institute Bochum

Student: Olaf Hermanspann

Datum Angabe: 04.04.2014

Facharbeit: Nachbau eines UREI 1176 LN

Olaf Hermanspann

Inhaltsverzeichnis Seite

1. Einleitung 3

2. Kompressor 4

2.1 Funktionsweise eines Kompressors (Signalverarbeitung) 4
2.1.2 Feed-Forward Kompressoren / Feed-Back-Kompressoren 5
2.1.3 Beschreibung der Parameter 6
2.1.4 Komprimierung von Einzelsignalen / Gesamtsignalen 7
2.1.5 Praktische Anwendung / Einsatzgebiete 8
2.1.6 Kompressoren / Bauformen 9
VCA-Kompresspor 9
Breitbandkompressor / Multibandkompressor 9
Röhrenkompressor 10
Optokompressor / FET-Kompressor 11
2.2 Nähere Betrachtung des Hardwaregerätes UREI 1176 LN 11
2.2.1 Historischer Hintergrund 12
2.2.2 Information zu dem Gerät UREI 1176 LN(REV A – H) 12
2.3 Besonderheiten (Schaltung, Funktion Sound) 15

3. Bau des Kompressors 15

3.1 Beschaffung der Bauteile 16
3.2 Bericht über den Zusammenbau 18
3.2.1 Bauteile (Definition) 19
3.3 Kalibrierung / Abgleich des Gerätes 30

4. Vergleich von Hardware und Nachbau 31
5. Zusammenfassung / Ergebnis 31
6. Literaturverzeichnis 33
7. Abbildungsverzeichnis 34

Facharbeit: Nachbau eines UREI 1176 LN

Olaf Hermanspann

1. Einleitung

Das Thema dieser Facharbeit ist Kompressoren im Vergleich. Ich habe mich für den Nachbau eines UREI 1176 LN entschieden. Ich werde versuchen, eine exakte Kopie des Originals zu bauen, der möglichst preiswert ist und qualitativ dem Original in nichts entgegensteht. Da ich relativ gut löten kann und mich auch sonst für Schaltungen interessiere, bin ich zu diesem Entschluss gekommen. Darüber hinaus habe ich in der Vergangenheit bereits diverse Elektronische Schaltungen gebaut. Hier konnte ich mein Wissen und meine Kenntnisse, welche ich während meiner beruflichen Tätigkeit als Radio- und Fernsehtechniker erworben habe, hervorragend einbringen. Während meiner Tätigkeit habe ich mir umfangreiche Kenntnisse in Löt- und Messtechnik, sowie in der Reparatur von Unterhaltungselektronik angeeignet. Zudem ist die Musik-Komposition, Produktion und Aufnahme ein langjähriges Hobby von mir. Während meiner Jugendzeit habe ich als Disk-Jockey gearbeitet. Darüber hinaus interessiere ich mich schon seit meiner Kindheit für Musik und Technik. Mit den Erkenntnissen, die ich aus dem Nachbau erwerben werde, werde ich mein technisches Wissen erweitern und vertiefen. Dieses Wissen möchte ich dann später nach abgeschlossener Arbeit bei meinem Job, den ich ausüben werden, gewinnbringend einsetzen. Mir geht es hier um die „Machbarkeit des Projekts“ und welcher Aufwand dafür betrieben werden muss. Natürlich ist auch die Herausforderung, einen solchen Kompressor zu bauen, ein weiterer Aspekt. Außerdem möchte ich bei erfolgreichem Nachbau wissen, ob es möglich ist, die erforderlichen Bauteile zu beschaffen. Hierzu ist von Interesse, ob man die Bauteile einfach in einem Fachgeschäft oder übers Internet erwerben kann. Die Bauteile sollten zudem möglichst preiswert sein. Der Nachbau soll vom Preis her um ein Vielfaches preiswerter sein als das Original. Ein Erfolg wäre es, wenn nach dem Zusammenbau das Gerät funktioniert und man eine Abgleich des Gerätes durchführen kann.

2. Kompressor

Der Kompressor ist ein Regelverstärker, der Einfluss auf den Pegel bzw. die Lautstärke eines Materials nimmt (Friesecke, 2007, 677). Er hat die Aufgabe, den Dynamikbereich eines Signals zusammen zu stauchen (Friesecke, 2007, 677).Auf diese Weise werden die Unterschiede zwischen lauten und leisen Stellen geringer (Friesecke, 2007, 677). Selbstverständlich wird während der Dynamikänderung auch die Wellenform des Signals verändert (ebd.). Ein Kompressor verdichtet ein Audiosignal, in dem er die Dynamik einschränkt. Die lautesten Stellen werden in einem bestimmten Verhältnis abgesenkt (Friesecke, 2007, 677). Anschließend kann das Signal im Gesamtpegel erhöht werden. Ein komprimiertes Signal hat mehr Druck und klingt dichter als ein unkomprimiertes. (Friesecke, 2007, 677). Der Kompressor gehört wie der Limiter, Expander und Gate zu den dynamikbearbeitenden Geräten (Friesecke, 2007, 677).

Eine Sonderform des Kompressors ist der Rotationspunkt-Kompressor. Der Rotationspunkt-Kompressor hat keinen eigenen Regler für den Threshold, Hier wird der Threshold über den Input-Regler geregelt (Friesecke, 2007, 677, Dickreiter,1997, 410). Der Vorteil dieser Kompressoren ist, dass sie sich sehr gut einstellen lassen, da sie das Signal um einen bestimmten Arbeitspunkt (Rotation Punkt) herum verändern und an diesem Punkt einen konstanten Pegel beibehalten (Friesecke, 2007, S. 677, Dickreiter,1997, S.410).

2.1. Funktionsweise eines Kompressors (Signalverarbeitung)

Für den praktischen Aufbau von Kompressoren gibt es zwei grundsätzlich verschiedene Ansätze: Die Feed-Forward-Kompressoren und die Feed-Back-Kompressoren. Einfacher zu konstruieren und daher auch billiger sind die Feed-Back-Kompressoren (Friesecke, 2007, S. 677 f).

2.1.2 Feed-Forward-Kompressoren

Das Signal für den Sidechain wird vom Eingangssignal des Kompressors gewonnen. Im Sidechain wird das Signal gleichgerichtet und logarithmiert (Friesecke, 2007, 677). Anschließend kann die logarithmische Steuerspannung mit dem Threshold verglichen werden. Über dem Unterschied zwischen Threshold und Steuerspannung wird das Steuersignal für den VCA ermittelt, der dann im Signalweg die Dynamik des Signals verändert.((Friesecke, 2007, 677). Das Problem bei dieser Technik ist dass das Verhalten des VCA im Steuerweg sehr gut bekannt sein muss, da es keinerlei Rückmeldung über die tatsächlich erfolgte Dynamikänderung gibt (Friesecke, 2007, 677).

Feed-Back-Kompressoren

Diese Variante führte dem Sidechain das Ausgangssignal des VCA zu (Friesecke, 2007, 677). Im Sidechain wird das Signal gleichgerichtet und mit dem Threshold verglichen. Eine aufwändige Logarithmierung entfällt. Ebenso muss das genaue Regelverhalten des VCA nicht bekannt sein, da sich die gesamte Schaltung durch die Messung des Ausgangssignals selbst unter Kontrolle hält (Friesecke, 2007, 677). Der Vorteil dieser Kompressoren ist der einfache Aufbau (Friesecke, 2007, 677). Nachteil ist, dass sich der Arbeitspunkt in Abhängigkeit des Threshold und der Ratio verschiebt (Friesecke, 2007, 677). Das Ausgangssignal muss dem Output Level angepasst werden. Bei diesen Kompressoren ist es unmöglich, eine Änderung des Threshold und der Ratio in ihrem klanglichen Verhalten direkt zu vergleichen, da sich der Output-Level ändert (Friesecke, 2007, 677) .

2.1.4 Beschreibung der Parameter

Threshold und Ratio

Der Threshold bestimmt, von welchem Signalpegel an der Kompressor das Signal bearbeitet. Mit Ratio wird das Kompressionsverhältnis und somit die Dynamikreduktion von Eingangs- zu Ausgangssignal eingestellt (zum Beispiel bedeutet 4:1 dass eine Erhöhung des Eingangssignals um 4 dB zu einer Erhöhung von nur 1 dB am Ausgang führt (Henle, 1998, 232). Dies ist nur für Signale über den Threshold gültig (Henle, 1998, 232). Unterhalb der Threshold besitzt eine Kompressor eine Ratio von 1:1, arbeitet also mit der Verstärkung 0 dB (Henle, 1998, 232).

Attack- und Release-Time

Attack- und Release-Time bestimmen das dynamische Verhalten eines Kompressors, also die Art und Weise, wie auf Veränderungen des Eingangspegels reagiert wird. (www.adt-audio.de/ProAudio_WhitePapers/Kompressor_Praxis_1.html 19.05.2014) Unter anderem bestimmen sie, mit welcher Verzögerung auf das Über- bzw. Unterschreiten der Threshold reagieren soll (Henle, 1998, 232). „Attack-Time" ist die Einschaltzeit des Kompressors und die Zeit, die nach Überschreiten des eingestellten Schwellwerts (Threshold) vergeht, bevor das Ausgangssignal auf das eingestellte Kompressionsverhältnis (Ratio) herunter geregelt wird (Henle, 1998, 232). „Release-Time" ist die Ausschaltzeit des Kompressors und die Zeit, die nach Unterschreiten des eingestellten Schwellwerts (Threshold) vergeht, bis das Signal auf das ursprüngliche Verhältnis von 1:1 zurückgeregelt ist. (Henle, 1998, 232).

Gain-Reduction

Die Gain-Reduction ergibt sich durch den Threshold und der Ratio eines Kompressors und gibt die Verstärkungsverminderung an (Henle, 1998,

234). Sie gibt an um wie viel dB das Eingangssignal gedämpft wird. Je stärker man etwas komprimiert, umso mehr Gain-Reduction erhält man (Henle, 1998, 234). Die Gain-Reduction wird über eine LED-Kette oder einem VU-Meter angezeigt (Henle, 1998, 233). Hierdurch hat man einen optischen Anhaltspunkt über die Wirksamkeit ei4es Kompressors sowie die Kontrolle, ob die Threshold nicht zu niedrig angesetzt wurde. (Henle, 1998, 234).

2.1.5 Komprimierung von Einzelsignalen / Gesamtsignalen

Einzelsignale werden komprimiert, um den Dynamikverlauf insgesamt zu glätten und somit leise Passagen verständlicher (weil lauter) zu machen, ohne dass laute Passagen zu laut oder unangenehm wirken (Henle, 1998, 236). So besitzt beispielsweise die menschliche (Sing-)Stimme naturgemäß ein hohes Maß an Dynamik, die es in unbearbeiteter Form problematisch macht, den Gesang in einer typischen Pop-Mischung gegenüber den restlichen Spuren in den Vordergrund treten zu lassen. Mittels eines Kompressors können diese Pegelschwankungen ausgeglichen werden, wodurch ein stetig hoher Durchschnittspegel und somit eine deutlich verbesserte Signalpräsenz erzielt wird (Henle, 1998, 236). Auch zur Einhaltung der technischen Grenzen bei einer Musikaufnahme kann ein Kompressor eingesetzt werden (Vermeidung von Übersteuerungen besonders bei der digitalen Aufnahme). Hierbei wird das Originalsignal vor der Aufnahme in der Dynamik begrenzt (Henle, 1998, 236). Einzelsignale perkussiver Instrumente, beispielsweise Drums, werden auch zur gezielten Klangbearbeitung komprimiert (Henle, 1998, 236). Durch Einstellen einer längeren Attack-Zeit bleibt das Anschlaggeräusch unbearbeitet und lässt sich dadurch unabhängig von der Ausschwingphase einstellen, indem Letztere durch ein passend gewähltes Kompressionsverhältnis herunter geregelt wird (Henle, 1998, 236).

Die Komprimierung des Gesamtsignals wird bei fertigen Musikstücken angewendet. Das komprimierte Gesamtsignal soll „Laut“ klingen, ohne aber den maximalen Pegel zu überschreiten. Die Kompression erfolgt nach denselben Kriterien wie die Komprimierung eines Einzelsignals (Henle, 1998, 237). Dabei werden die Parametereinstellungen so gewählt, dass das erwünschte Maß an Kompression möglichst ohne störende Nebeneffekte erreicht wird (Henle, 1998, 237). Häufig eingesetzt wird diese Technik bei Radiosendern, die das meistens bereits komprimierte Originalsignal eines Musikstückes vor dem Senden erneut komprimieren, um dadurch eine größere Aufmerksamkeit beim Radiohörer zu erhalten, da allein schon wegen der Lautstärke der Song sich im Vergleich zu anderen unterscheide „Lauter" wird meistens auch mit besseren Sound gleichgesetzt (Henle, 1998, 237).

2.1.5 Praktische Anwendung / Einsatzgebiete

In der Musikbearbeitung dienen Kompressoren der Dynamikeinschränkung von Signalen (Friesecke, 2007, 677.) Da der Endkonsument unter normalen Hörbedingungen die hohe Dynamik nicht hören kann, die die Instrumente bei einer Aufnahme erzeugen, muss man die Dynamik einschränken. Andernfalls müsste der Hörer ständig zum Lautstärkeregler greifen um nachzuregeln (Friesecke, 2007, 677). In letzter Zeit hat diese Dynamikeinschränkung jedoch ziemlich absurde Formen angenommen, so dass ein Konkurrenzkampf darüber entstanden ist, wer die lauteste Produktion hinbekommt. Dabei wird auch vor einer Verzerrung des Signals nicht mehr halt gemacht (Friesecke, 2007, 677). In der Praxis es sinnvoll mehrere kleine Kompressionsvorgänge durchführen, als einen großen. Aus diesem Grund werden die einzelnen Spuren einer Produktion bei der Aufnahme und bei der Wiedergabe komprimiert und die Summe einer Gesamtkompression unterzogen. Um zu verhindern, dass ein lauter, kräftiger Bass bei einer Summenkompression den gesamten Mitten- und Höhenbereich störend hörbar zusammen komprimiert, verwendet man zunehmend Multibandkompressoren aus der Summe. Diese bearbeiten das Signal in mindestens drei Frequenzbereichen und arbeiten daher unauffälliger (Friesecke, 2007, 677).

2.1.6 Kompressoren / Bauformen

VCA-Kompressor

Der Kompressor ist mit einem VCA aufgebaut, wie er auch in den Reglern computergesteuerter Mischpulte eingesetzt wird. Die Verstärkung eines VCA kann über eine Gleichspannung gesteuert werden. Die Steuerspannung für den VCA wird in den meisten Anwendungsfällen aus dem Eingangssignal des Verstärkers selbst abgeleitet. Das Signal, dass bearbeitet werden soll, liefert – gleichgerichtet - auch die Steuerspannung (Sandmann, 2008, 33).

Breitband- und Multiband-Kompressoren

Grundsätzlich wird zwischen Breitband- und Multibandkompressoren unterschieden. Wird der Pegel des gesamten Eingangssignals gleichmäßig bearbeitet, spricht man von einem Breitbandkompressor. Dieser Typ wird häufig auch als Singleband- oder Einband-Kompressor bezeichnet, was aber technisch ungenau ist, da ein Singleband-Kompressor durchaus nur in einem eingeschränkten Frequenzbereich arbeiten kann.

Die Breitband-Kompressorschaltung ist in der Tontechnik bei weitem die häufigste und kommt z. B. oft zum Einsatz, um Einzelsignalen einer Musikmischung mehr Durchsetzungsfähigkeit und Präsenz zu verleihen (Friesecke, 2007, 677). Breitband-Kompressorschaltungen stoßen jedoch prinzipbedingt an ihre Grenzen, sobald im Eingangssignal mehrere Dynamikverläufe gleichzeitig in verschiedenen Frequenzbereichen unabhängig voneinander ablaufen, wie es in einer Mischung mehrerer Einzelsignale der Fall ist. So kann z.B. der Einsatz eines Breitbandkompressors auf einer Musikmischung dazu führen, dass ein Pegelanstieg im Bassbereich zur Abschwächung des Gesamtpegels der Mischung führt (typisches Pumpen beim Einsatz der Bassdrum).

Speziell für die Pegelbearbeitung solcher komplexer Signale wurden Multibandkompressoren entwickelt, in denen vor der eigentlichen Bearbeitung mittels einer Frequenzweiche das Eingangssignal in mehrere Frequenzbänder aufgeteilt wird, von denen jedes einen von mehreren unabhängigen Kompressorschaltkreisen durchläuft, deren Ausgangssignale nach der Kompression wieder zusammen gemischt werden. Auf diese Weise ist es möglich, komplexe und breitbandige Mischsignale homogen zu verdichten, ohne dabei die unnatürliche gegenseitige Beeinflussung verschiedener Frequenzbänder in Kauf nehmen zu müssen.

Da Multibandkompressoren grundlegend in das Klangbild einer Musikmischung eingreifen können und die komplexe Parametrisierung viel Erfahrung mit der Bedienung und der Arbeitsweise der Geräte voraussetzt, gibt es Versuche, die Einstellung des Kompressors zu automatisieren; so gibt es Geräte, die das zu bearbeitende Programmmaterial analysieren können und auf Basis der spektralen und dynamischen Eigenschaften versuchen, das Material möglichst homogen zu verdichten. Dadurch wird dem Signal jedoch eine bestimmte Klangästhetik aufgeprägt, die nicht immer mit dem musikalischen Charakter des Materials harmoniert.

Röhrenkompressor

Im Gegensatz zu Kompressoren mit Halbleiterschaltung kommt beim Röhrenkompressor als verstärkendes Bauteil eine Elektronenröhre zum Einsatz. Obwohl beide Bauteile die gleiche Aufgabe haben, können die klanglichen Veränderungen des bearbeiteten Materials sehr unterschiedlich sein, da je nach verwendetem Verstärker bauteil- und schaltungsspezifische Eigenschaften mit in das Klangmaterial einfließen (Sandmann, 2008, 34).

Optokompressor

Bei diesem Kompressor-Typ wird die Steuerspannung einer Leuchtdiode zugeführt, deren Helligkeit sich entsprechend ändert. Im Signalweg befindet sich ein Fototransistor oder ein Fotowiderstand, der die Funktion des Stellelements wahrnimmt. Besonders für die mit dem Photowiderstand arbeitende Variante ist eine gewisse Trägheit im Regelverhalten charakteristisch, die oft als besonders musikalisch empfunden wird (Sandmann, 2008, 34).

FET-Kompressor

„Statt eines VCAs kann auch ein spezieller Halbleiter, genauer: ein Feldeffekttransistor (FET) als Regelverstärker eingesetzt werden." Diese Schaltung stellt sehr schnelle Attack und Release-Zeiten zur Verfügung, sind aber aufgrund ihres aufwendigen Aufbaus sehr teuer und deshalb nur selten vorzufinden. Der Kompressor arbeitet rückwärtsgeregelt, d. h. die Regelung der Kompression wird in Abhängigkeit vom Ausgangssignal durchgeführt. Für die gewünschte Pegelreduktion sorgt ein Feldeffekt-Transistor (FET), der als spannungsgesteuerter, variabler Widerstand genutzt wird. Alle Schaltkreise sind komplett diskret aufgebaut (Jüngling, 25.02.2014, 10).

2.2 Nähere Betrachtung des Hardwaregerätes UREI 1176 LN

Der UREI 1176LN zählt zu den Klassikern unter den analogen Kompressoren und dient seit mittlerweile 40 Jahren als Studiostandard für die Komprimierung von Gesang, Bass, Schlagzeug und anderen Signalen.

2.2.1 Historischer Hintergrund

Bill Putnam, der Erfinder des 1176LN, gründete 1946 nach Beendigung des Zweiten Weltkrieges das Aufnahmestudio Universal Recording Corp. Er gilt als Pionier der Audiotechnik und war so beispielsweise der erste Engineer, der künstlichen Hall als kreativen Einsatz in einer Produktion verwendete. Aufgrund seiner zahlreichen Erfindungen wie der Gesangskabine oder der Implementierung von Effekt-Sends in Mischpulten gründete er in den 1950er-Jahren schließlich auch die Firma Universal Audio, welche in den 60er-Jahren in UREI (Universal Recording Electronics Industries) umbenannt wurde (www.uaudio.com/support/1176ln, 19.05.2014)

Neben dem Erwerb von weiteren Firmen und den dazugehörigen Patenten von anderen Studioklassikern wie dem LA2A Optokompressor entwickelte Putnam 1966 die erste Version des Feedback-Kompressors UREI 1176. Dieser basierte auf den Vorgängern 175 und 176, welche allerdings mit einer Variable-Mu Röhre in der Gain-Reduction Stufe arbeiteten. Für das Modell 1176 verwendete Putnam als erster Hersteller den zur damaligen Zeit neu auf dem Markt befindlichen Feldeffekttransistor (FET),wobei die Implementierung desselben aufgrund eines geringen Bereiches der linearen Arbeitsweise Schwierigkeiten bereitete. Der FET fungiert als variabler Widerstand an einem Spannungsteiler und bestimmt je nach dem am Gate zugeführten Pegel, wie stark die Pegelreduktion eintritt (www.uaudio.com/support/1176ln, 19.05.2014).

2.2.2. Information zu dem Gerät 1176 (REV A – H) (Entwicklung)

Im Laufe der Geschichte des 1176 Kompressors wurde das Gerät mehrfach überarbeitet. Einige dieser Änderungen betrafen in erster Linie eine Neugestaltung der Ein- und Ausgangsstufe und der Optik. Hierbei ist zu bemerken, dass nur im Input- / Output Überarbeitungen stattgefunden haben, während die FET basierte Kompressorschaltung unverändert blieb. Ziel war es, die Nebengeräusche sowie den Klirrfaktor zu beseitigen (www.uaudio.com/support/1176ln, 19.05.2014).

Revision A UND B

Der sogenannte Bluestripe bildet die Grundlage für alle anderen Überarbeitungen. Die Transistorausgangsstufe basiert auf dem 1108 Transistorvorverstärker und verwenden einen FET als die erste aktive Komponente in jeder Verstärkerstufe. Der Ton wird durch eine kleine Menge der Verzerrung aufgrund des Fehlens der Rauschunterdrückungs-Schaltung gekennzeichnet. Revision A hat diesen speziellen „Vintage-Sound“ (www.uaudio.com 19.05.2014).

Revision C

Ein wichtiger Meilenstein ist die erste Blackface-Revision „C”, welche mit einer schwarzen Frontplatte versehen, eine neue Ära einläutete. Der UREI-Ingenieur Brad Plunkett entwickelte eine sogenannte LN-PLatine für die Eingangssektion des Kompressors, die sogenannte „Low-Noise”-Modifikation, die den Rauschabstand des Gerätes um einige dB verbesserte.
Fortan trugen alle 1176 das Kürzel „LN” als Namenszusatz. (www.uaudio.com/history, 19.05.2014)

Revision D

Revision D wurden mit reiner Class-A-Technik gebaut, und später wurde sogar der Eingangsübertrager zugunsten eines elektronisch symmetrierten Eingangs weggelassen. In Revision D wurde dieser Low-Noise-Circuit in die Hauptplatine des Gerätes implementiert. (www.uaudio.com/history, 19.05.2014)

Revision E

ist lediglich die europäische Version des Geräts mit anwählbaren 220V. Hier wurde der Ausgangsübertrager durch eine Art Push Pull Schaltung des 1109 Vorverstärkers und danach der Eingangsübertrager durch einen kostengünstigeren Operationsverstärker ersetzt. (www.uaudio.com/history, 19.05.2014)

Revision F

In dieser Einheit der Klasse A 1108 Vorverstärker wird der Ausgangsübertrager durch eine AB Push Pull Schaltung des 1109 Vorverstärkers und danach Eingangsübertrager durch einen kostengünstigeren Operationsverstärker ersetzt. (www.uaudio.com 19.05.2014)

Revision G

Hier wird der Eingangstransformator durch einen Differenzverstärker ersetzt. Ein Markenzeichen der Revision G ist laut 1176 LN Benutzern der Höhenboost.

Revision H

Die Revision H bildet lediglich den Schritt zurück zur silbernen Frontplatte, wobei keine weiteren Änderungen im Schaltplan vorgenommen wurden. (www.bonedo.de 19.05.2014)

Besonderheiten (Schaltung)

Zentrales Schaltungsmerkmal des 1176 LN ist der FET (Feldeffekttransistor) der als variabler Widerstand im Massezweig eines Spannungsteilers den Grad der Pegelreduktion bestimmt. Abhängig vom Eingangspegel wird ein Gate-Vorspannung an den FET angelegt, welche dessen Innenwiderstand verändert. Ein relativ einfacher Schaltungstrick. Das Eingangssignal läuft zunächst über das Input Poti und einen Eingangsübertrager, anschließend direkt in FET–Schaltkreis. Danach folgen eine erste Verstärkungsstufe, das Output-Poti und schließlich die zweite Verstärkungsstufe sowie der – für den speziellen Klang des 1176 sehr wichtige Ausgangsübertrager. (Sound & Recording, Ausgabe 7/2007 S. 75)

Rechts und links neben dem übersichtlichen und beleuchteten VU-Meter, befinden sich zwei Türme aus je vier großflächigen Tastschaltern, die wie in Längsrichtung über einander geschichtete Bauklötze aussehen. Sie lassen sich allesamt optimal bedienen und quittieren jeden Druck mit einem altertümlichen Klacken. Das rechte Kontrollfeld ermöglicht zum einen das Umschalten der VU-Meter-Anzeige (Kompression, +8 dB Ausgangspegel, +4 dB Ausgangspegel) und das Abschalten des 1176LN. Dies ist eine gewöhnungsbedürftige Seltenheit, da sich der Power Knopf nicht von den anderen unterscheidet. Die Ratio wird auf der anderen Seite eingestellt. Festgelegte Kompressionsverhältnisse (4:1, 8:1, 12:1 und 20:1) bieten in vier Stufen unterschiedliche Kompressions-Charakteristika.

3. Bau des Kompressors

Ich habe mich für den Nachbau eines Rotationspunkt-Kompressors entschieden. Mit Hilfe von Schaltplänen vom Internet baue ich eine Kopie des Urei 1176 LN Rev F von Universal Audio. Der Däne Jakob Erland, entwickelte den Nachbau eines Urei 1176 auf der Revision F sowie zahlreiche andere DIY Projekte. In Fachkreisen hat er hierfür eine hohe Anerkennung gewonnen. Auf seiner Internetseite http://www.gyraf.dk kann man die für diesen Bau betrachtete Schaltung sowie Anleitung zum Selbstbau beziehen. Die Kopie des 1176 ist so aufgebaut, dass es exakt die gleichen Merkmale aufweist, wie das Original, d. h. gleiche Bedienweise sowie derselbe Signalfluss.

3.1 Beschaffung der Bauteile

Bei meiner Recherche zur Beschaffung der erforderlichen Bauteile habe ich festgestellt, dass man in einem Fachgeschäft (Conrad oder Reichelt Electronic) nicht alle Bauteile erhält. Man könnte zwar einige Komponente für den Nachbau dort beziehen. Allerdings sind die wesentlichen Bauteile, die das Gerät ausmachen (Eingangs- und Ausgangstransformatoren oder spezielle Potentiometer, die für die spätere Regelung nötig sind), dort nicht zu erhalten.

Über das Internet habe ich keine deutsche Firma gefunden, die komplette Bausätze für den Nachbau anbietet. Man hat allerdings die Möglichkeit, die einzelnen Komponenten bei „Ebay-Shops" zu erwerben. Hier gibt es diverse Shops bzw. Anbieter, die die einzelnen Bauteile anbieten. Dies hätte aber den preislichen Rahmen gesprengt. Die Firma Hairball Audio bietet Komplettbausätze für den Nachbau fast aller Revisionen des 1176 an. Die Firma hat ihren Sitz in Seattle (USA). Dort habe ich den Bausatz über das Internet bestellt. Zu diesem Zeitpunkt waren nur Bausätze der Revisionen F / G vorrätig bzw. lieferbar ist. Diese beruhen beide auf der gleichen Platine.

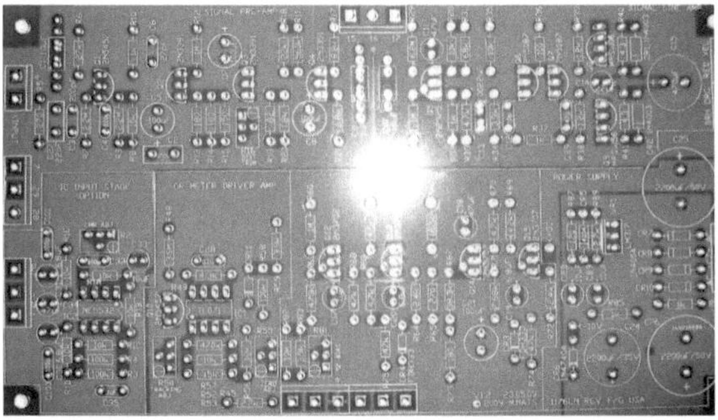

Abbildung 1. Platine Firma M.NATS 1176 LN REV F/G

Der Unterschied beim Aufbau ist, dass Revision F die letzte Revision ist, mit mit einem Eingangsübertrager arbeitet, wobei bei Revision G die Ein gangskopplung elektronisch über eine IC Schaltung löst.

Der Transfer hat ca. 4 Wochen gedauert. Im Bausatz waren folgende Komponente enthalten:

Gehäuse, alle Potentiometer, Platinen sowie Schalter, Netztransformator, Eingangs- und Ausgangsübertrager, beide FET-Transistoren, VU-Meter

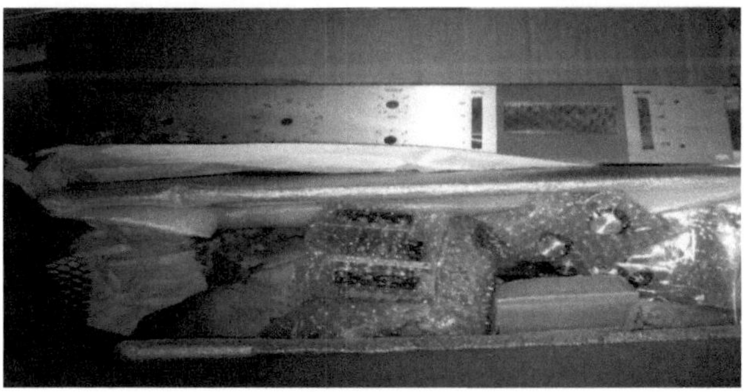

Abbildung 2: Komponente des Zusammenbaus

Hier ist zu erwähnen, dass die Firma Hairball Audio mit der Deutschen Firma Mouser Electronic aus München zusammenarbeitet, d. h. dass man nach Bestellung des Bausatzes direkt weiter geführt wird zu der Firma Mouser Electronic. Dort ist eine Liste mit den notwendigen Bauteilen, wie zum Beispiel Widerstände, Kondensatoren, Dioden etc., aufgeführt, welche für den Zusammenbau benötigt werden. Die Bauteile habe ich sodann bei der Firma Mouser Electronic online bestellt. Hier ist noch zu erwähnen, dass die gelieferten Bauteile ohne eine Anleitung für den Zusammenbau geliefert wurde.

3.2 Bericht über den Zusammenbau

Da von der Firma Hairball Audio keine spezifische Bauanleitung zum Bausatz des Kompressors der Rev F vorlag, habe ich nach langem Suchen eine Bauanleitung für die Rev D / G / F auf der Internetseite der Firma Hairball Audio gefunden. Allerdings ist die Platine für die eben genannten Revisionen blau, während die Platine für meinen Nachbau der Rev F rot ist.

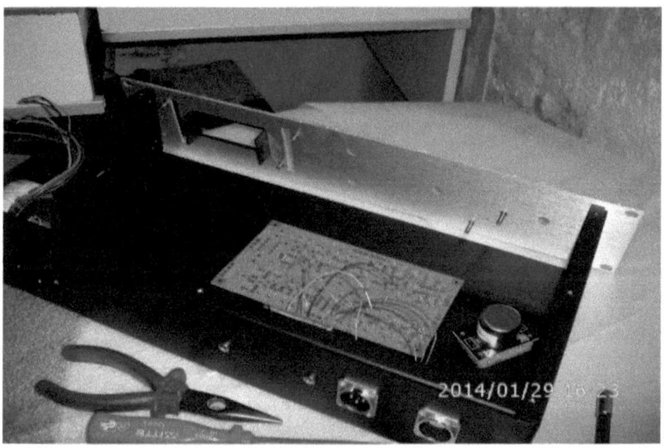

Abbildung 3: Platine Rev F 1176

Auf der Abbildung 3 ist zu sehen, dass ich dass Gehäuse des Kompressors zusammengeschraubt und die drei Transformatoren befestigt habe.
Bevor ich mit dem Zusammenbau fortfahre, möchte ich den Begriff Bauteile erklären:

Definition: Bauteile

Die verwendeten Bauteile lassen sich grob in drei verschiedene Typen unterteilen. Passive Bauteile, aktive Bauteile sowie elektromechanische Bauteile.

Passive Bauteile

Widerstände

Widerstände sind die wohl am häufigsten auftretenden Bauteile. Sie sind zum verlöten relativ unkritisch. Die Grundeinheit eines Widerstands ist Ohm, meistens als R abgekürzt. Die Werte reichen dabei von R über k (k = kilo = 1.000R) bis zu M (Mega = 1.000.000R). Beispiele: 100R, 10k, 470k, 1M, 2,2M. Widerstände haben farbige Ringe aufgedruckt, aus diesen lässt sich der Wert eines Widerstands und die Toleranz ablesen.

Potentiometer

Potentiometer (kurz Poti) kann man sich als verstellbare Widerstände vorstellen. Sie haben meistens drei Anschlüsse und eine drehbare Achse. Auf die Achse können verschiedenste Drehknöpfe befestigt werden. Die Potis in den Bausätzen haben alle eine 6,3mm Achse, der Knopf sollte am besten auch dafür ausgelegt sein.

Neben dem Wert haben Potis einen weiteren Bezeichner, die sogenannte Regelkurve. Davon gibt es vier verschiedene: linear, logarithmisch, revers logarithmisch und die W-Kurve. Die Regelkurve beschreibt die Veränderung des Widerstandswertes über den Verlauf einer Poti-Drehung. (www.musikding.de 19.05.2014).

Linear: Mit einem "B" gekennzeichnet. Der Wert verändert sich direkt im Verhältnis zur Drehung. Zum Beispiel bei 10% des Regelwegs liegen 10% des Wertes an, bei 70% auch 70% des Wertes.
Logarithmisch: Mit einem "A" gekennzeichnet. Hier steigt der Wert im Verhältnis zum Regelweg langsamer an. Bei 50% des Wegs liegen erst ca. 20% des Wertes an, danach erhöht sich die Zunahme des Werts.
Revers Logarithmisch: Auch negativ logarithmisch, mit einem "C" gekennzeichnet. Hier ist es genau anders als bei der logarithmischen Kurve. Der Wert steigt zuerst schnell an, bei 50% des Wegs sind es schon bereits ca. 85%, danach erfolgt die Zunahme langsamer. (www.musikding.de 19.05.2014).

Ringkerntransformator (Netztrafo)

Bei Ringkerntransformatoren besteht der Kern aus einem Ferritring, der aus einem Stück gegossen ist (Friesecke, 2007, 241). Das Aufwickeln des Drahtes ist komplizierter als bei Schichtkerntransformatoren (Friesecke, 2007, 241). Eine Wickelmaschine muss eingesetzt werden, die aufklappbar ist, um den Trafokern aufzunehmen. Weiterhin muss der Draht einmal mehr umgespult werden, was einen deutlich höheren Preis dieses Trafotyps zur Folge hat (Friesecke, 2007, 241). Ringkerntrafos lassen sich sehr einfach mit einer Zentralschraube in der Mitte des Ringes befestigen (Friesecke, 2007, 241). Hierbei ist jedoch darauf zu achten, dass dieses Schraube nur auf dem Geräteboden verschraubt ist - bei einem zusätzlichen Kontakt der Schraube am Gerätedeckel entsteht bei Metallgehäusen eine Kurzschlusswindung Ringkerntrafos sind im Audiobereich zu bevorzugen, da Sie fast kein störendes störendes Streufeld aufweisen und somit weder das eigene Gerät, noch andere in der Nähe befindliche Baugruppen beeinträchtigen.

Bei vergleichbarer Größe haben Ringkerntrafos eine höhere Leistung als Schichtkerntransformatoren (Friesecke, 2007, 241)

Audioübertrager (Signal)

Eine spezielle Anwendung von Transformatoren ist der Audioübertrager. Er hat normalerweise ein Wicklungsverhältnis von 1:1, so dass das Signal am Ausgang gleich groß ist wie am Eingang. (Friesecke, 2007, 241) Die einzige Aufgabe eines Audioübertragers ist die galvanische Trennung zwischen Eingang und Ausgang. (Friesecke, 2007, 241) Als günstigen Nebeneffekt kann er gleichzeitig zum Symmetrieren eines Signals verwendet werden. Da er nur die galvanische Trennung eines Audiosignals bewerkstelligen soll, ist darauf zu achten, dass er keinerlei verschlechternde Einflüsse auf das Signal hat und folgende Anforderungen genügt

- Linear 20 Hz bis 20 kHz
- Verzerrungsfrei über den gesamten Pegelbereich
- Magnetisch unempfindlich
- Mechanisch unempfindlich

Diese Anforderungen sind in der Praxis nicht oder nur mit hohem finanziellem Aufwand zu erreichen. (Friesecke, 2007, 241)

Kondensatoren

Die Einheit bei Kondensatoren ist Farad, abgekürzt F. Bei den Kondensatoren gibt es in den meisten Bausätzen drei Typen.

Folienkondensatoren

Diese haben ein Rastermaß von 5mm und haben keine bestimmte Einbaurichtung. Auf ihnen ist der Wert direkt aufgedruckt. "n" steht für Nano, die

Einheit ist Farad, 6n8 zum Beispiel sind 6,8nF. Ist der Wert zum Beispiel als ".1" oder ".22" aufgedruckt sind es 0,1µF oder 0,22µF . "µ" steht für Mikro. Heißt es nur "1", ist es 1µF. Wenn noch ein "63" oder "100" dabei steht, zeigt dies die Spannungsfestigkeit in Volt an (www.musikding.de 19.05.2014)

Keramik-Kondensatoren

Der zweite häufige Typ sind Keramik-Kondensatoren. Diese haben ein Rastermaß zwischen 2,5mm und 5mm und haben ebenfalls keine bestimmte Einbaurichtung. Diese haben auch den Wert aufgedruckt, aber codiert. Der Basiswert des Aufdrucks ist pico. Zweistellige Zahlen sind direkt Picofarad, dreistellige Zahlen sind codiert. Beispiel: 221 steht für 22*10^1 pF, also 220pF. 222 sind 22*10^2 also 2200pF = 2,2nF (www.musikding.de 19.05.2014)

Elektrolytkondensatoren

Elektroyltkondensatoren oder auch kurz Elkos, sind größere Kondensatoren. Ihr Wert wird immer in µF angegeben. Im Unterschied zu den anderen Kondensatoren haben Elkos eine Polarität, also "+" und "-". Minus ist immer mit einem aufgedruckten Band auf dem Elko markiert, Plus ist auch meistens der längere Anschlußdraht (www.musikding.de 19.05.2014).

Aktive Bauteile

Dioden

Dioden haben eine ähnliche Bauform wie Widerstände, haben aber eine bestimmte Einbaurichtung. Alle Dioden haben an einer Seite eine umlaufende Strichmarkierung, die sich auch so auf der Platine und dem Schaltplan wieder findet.

Transistoren

Transistoren sind sehr häufig vorkommende Bauteile. Es gibt verschiedene Typen, für den Zusammenbau sind nur Silizium-Universaltransistoren und FET von Interesse. Transistoren haben immer 3 Anschlüsse, welche eine bestimmte Belegung haben. Transistoren schalten und verstärken ein Signal (www.musikding.de 19.05.2014).

Silizium-Universaltransistoren

Die Technik der Silizium-Transistoren ist neuer als die Germanium-Verwandten. Sie sind auch "besser", ein ausmessen und selektieren ist hier meistens nicht notwendig. Sie haben ebenfalls 3 Anschlüsse mit E, C, und B. Deren Belegung ist ebenfalls im Schaltplan angegeben. (www.musikding.de 19.05.2014)

FET

FET funktionieren wie Silizium-Transistoren, sind aber anders aufgebaut. Von besonderer Bedeutung ist hier, dass sie sich gut als "Röhrenähnlich" klingend nutzen lassen. Sie haben auch 3 Anschlüsse, diesmal aber D, G, S bezeichnet, Drain, Gate und Source. Diese Belegung ist ebenfalls immer im Schaltplan angegeben (www.musikding.de 19.05.2014).

ICs

Die am häufigsten vorkommenden ICs sind sogenannte Operationsverstärker. Kurz gesagt verstärken sie ein elektrisches Signal. Dabei gehen sie mit mehr Schwung ans Werk als Transistoren. Die gängigen ICs haben 8, 14 oder 16 Pins. Pin 1 ist immer markiert, entweder durch eine aufgedruckte Einkerbung, oder eine tatsächliche Einkerbung im Gehäuse oder ein Punkt. ICs sind empfindlich gegen zu langem löten, deswegen werden sie immer in einen passenden Sockel gesteckt. Dieser hat ebenfalls eine Einkerbung, welche die Seite markiert, auf die Pin 1 gehört. Diese Markierung findet sich auch auf der Platine aufgedruckt (www.musikding.de 19.05.2014)

Elektromechanische Bauteile

VU-Meter

Das VU-Meter soll als Volume-Unit Messgerät diesen, also Lautstärkeeinheiten des Signals anzeigen. Die Skala eines VU-Meters ist hierzu in der Einheit VU eingeteilt, welche der Einheit dB weitestgehend entspricht. VU-Meter sind meistens als Zeigerinstrument mit einem Skalenverlauf vom -20VU bis + 3VU ausgelegt. Ein Zeigerinstrument hat aufgrund seiner Masseträgheit nicht die Möglichkeit, einem Signal trägheitslos zu folgen – es zeigt also immer einen Mittelwert des Signals an. (Friesecke, 2007, 833)

Platinen

Platinen sind aus Kunststoff (Pertinax) gefertigte "Brettchen" die auf der einen Seite einen Aufdruck zur besseren Übersichtlichkeit tragen, und auf der anderen Seite Leiterbahnen beherbergen. Es gibt Platinen auch doppelseitig oder sogar mit noch mehreren Lagen. Die Bauteile werden dabei durch Bohrungen gesteckt, welche dann durch Lötpads mit den Leiterbahnen verbunden sind. Die Leiterbahnen stellen einen elektrischen Kontakt zwischen den Bauteilen her (www.musikding.de 19.05.2014).

Zusammenbau

Ich habe die einzelnen Bauteile anhand der oben beschrieben Definitionen auf ihre Funktion getestet, sie geprüft und gemessen und anhand der angegebenen Nennwerte verbaut. Am Schwierigsten war die Verkabelung des Gerätes. Hier zeigte sich der komplizierte und schwierige Zusammenbau des Gerätes. Es galt, die richtigen Signalwege von Störquellen fernzuhalten.

Mithilfe dieser Informationen habe ich dann begonnen, die Bauteile genau nach Schaltplan auf die Platine zu löten. Alle Bauteile waren einzeln verpackt. Auf jeder Verpackung standen die jeweiligen notwendigen Details (Werte für Widerstand, Toleranzwerte etc.) Auf der folgenden Abbildung sieht man den Schaltplan für die Revision F

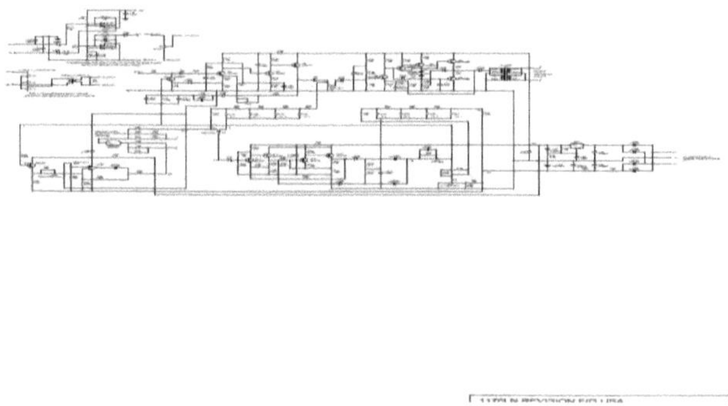

Abbildung 4 Schaltplan der Revision F / G (www.mnats.net 19.05.2014)

Der Schaltplan zeigt an, wie die Bauteile miteinander verbunden sind.

Als Nächstes habe ich dann begonnen, den Ringkerntrafo an das Gehäuse zu schrauben und mit der Kaltgerätenetzbuchse sowie dem Ein- und Ausschalter zu verkabeln (s. Abbildung 5).

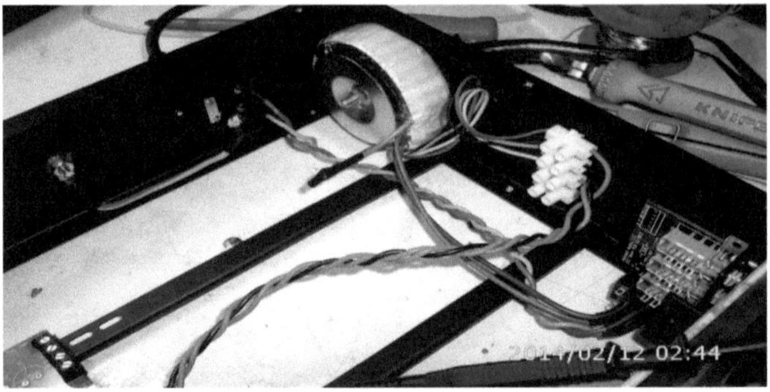

Abbildung 5: Verkabelung des Ringkerntransformators

Abbildung 6 zeigt den Eingangsübertrager, den Input-Regler und die XL-R-Eingangsbuchse inklusive Verdrahtung und Verlötung mit abgeschirmten Kabeln

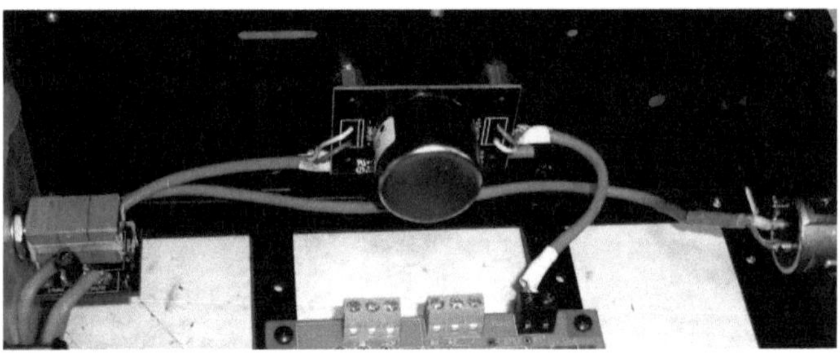

Abbildung 6: Eingangsübertrager

Danach habe ich Wechselspannungsversorgung an die Anschlußklemme der Platine verschraubt, welche ich vorher aufgelötet habe. Daraufhin habe ich die beiden Spannungen mit meinem Multimeter überprüft. Diese betrug 28 V AC, was innerhalb des Toleranzwertes (30 V AC) lag (s. Abbildung 7).

Abbildung 7: Überprüfung der Wechselspannungsversorgung

Aufbau des Gleichspannungsnetzteils mit seinen Ausgangsspannungen von + 30 V und – 10 V und Kontrolle der Spannungen (siehe Abb. 8 + 9)

Abbildung 8: + 30 V

Abbildung 9 : - 10 V

Nachfolgend füge ich eine Dokumentation über den weiteren Verlauf anhand von Bildern bei. Diese werde ich stichpunktartig beschreiben.

Abbildung 10: Verlötung der ersten Bauteile außerhalb des Netzteils.

Wie man sieht, sind alle einzelnen Stufen des Gerätes durch dünne weiße Linie eingerahmt und beschriftet.

Abbildung 11: Bestückung der Platine (komplett)

Auf Abbildung 11 erkennt man, dass alle erforderlichen Bauteile verbaut und verlötet sind. Allerdings ist oben rechts in der Ecke zu erkennen, dass dort keine Teile verbaut, da diese Sektion nur für die Revision G erforderlich ist. Diese ersetzt den Eingangsübertrager. Der Potentiometer der mit den Draht, welcher grün/weiß/schwarz verbunden ist, ist für den 0 Abgleich des VU Meters (Zero adjust) zuständig.

Auf den nächsten Abbildungen zeige ich die weiteren Verkabelungen der Potentiometer und der entsprechenden Schalter. Ich habe die Verdrahtung genau nach der Anleitung der Rev D, welche auf der Internetseite der Firma Hairball Audio runter geladen werden kann, vorgenommen.

Abbildung 12: Verkabelung

Abbildung 13: Verdrahtung

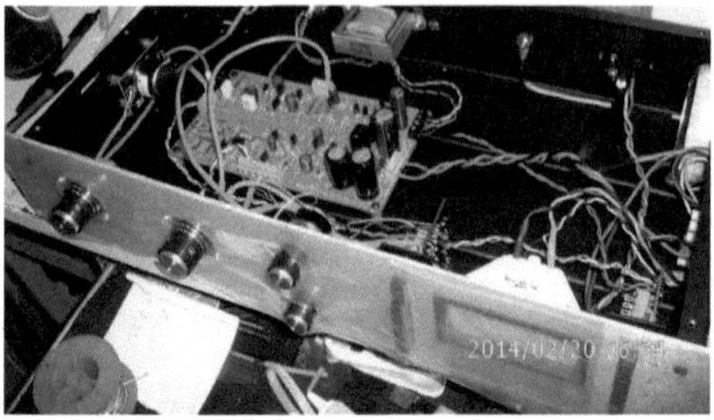

Abbildung 14: VU Meter

Hiermit ist die Zusammenbau abgeschlossen. Als nächster Schritt kommt das Einschalten des Kompressors.

3.3 Kalibrierung / Abgleich des Gerätes

Für die Kalibrierung des Gerätes werden benötigt:

- ein Signalgenerator
- ein Tongenerator,

an dem Frequenz, Signalart und Signalstärke eingestellt werden können. Ferner werden

- ein Multimeter (mit dem Wechselspannung auch über 1 kHz ge messen werden können)
- ein Osziloskope.

benötigt.

Die Kalibrierung des Gerätes konnte nicht erfolgreich durchgeführt werden, da beim Einschalten des Kompressors ein lautes Brummen zu hören ist. Ich habe den Fehler bis zum Abschluß der Facharbeit nicht ausmachen können. Ich habe mich in zahlreichen Internet- / Userforen durchgelesen. Hier gab es keine richtige Lösung oder einen Support. Auch diverse Anfragen bei der Firma Hairball Audio wurden bis heute nicht beantwortet. Aus diesem Grunde habe ich mich entschieden, den Nachbau abzubrechen, da die Kalibrierung des Gerätes nicht durchgeführt werden kann.

4.1 Vergleich von Hardware und Nachbau

Ein Vergleich von Hardware und Nachbau kann nicht durchgeführt werden, da der Nachbau nicht funktioniert.

5. Zusammenfassung / Ergebnis

Leider hat konnte das Projekt Nachbau eines UREI 1176 LN nicht erfolgreich durchgeführt werden. Es war sehr schwierig und umfangreich, die erforderlichen Bauteile zu beschaffen. Zwar ist es mir gelungen, die Bauteile preiswert zu beschaffen. Die Kosten beliefen sich auf ca. 500,00 EUR inklusive Zoll und Mehrwertsteuer. Allerdings ist die Zeit die man benötigt, bis das Gerät endgültig zusammengebaut ist, die Mühe nicht wert. Allerdings nur unter der Betrachtung, dass mein Nachbau nicht funktioniert. Ich konnte einen Vergleich zum Original nicht durchführen und konnte dementsprechend meine Eingangs gestellte Fragestellung, dass der Nachbau funktioniert und qualitativ genauso hochwertig ist wie das Original, nicht beantworten. Um solche Nachbauten erfolgreicher durchzuführen, benötigt man mehr Hilfestellungen seitens der Hersteller, die solche Bausätze anbieten.

Im Nachhinein habe ich festgestellt, dass es für alle anderen Revisionen des 1176 LN (z. B. Revision D blaue Platine von Mnats) Internet Tutorials, Videos zum Zusammenbau, Hilfe zur Fehlersuche etc. gibt. Diese Punkte konnte ich nicht vorhersehen. Da es für die REV F keinerlei Tutorials oder Videos gab, konnte ich den Zusammenbau nur anhand des Schaltplans durchführen. Da das Originalschaltbild des UREI 1176 LN nicht identisch mit meinem Nachbau ist, dessen Schaltbild Abbildung 4 komplett ohne

Spannungsangaben benannt ist – konnte ich beim Originalhersteller Universal Audio auch keine Hilfe beziehen. Abbildung 15 zeigt, dass es äußerlich funktioniert und sehr optisch dem Original in Nichts nachsteht.

Abbildung 15: Kompressor Frontansicht

Essen, 04.04.2014

____

6.) Literaturverzeichnis

1.) Thomas Sandmann: Effekte und Dynamics. 2008,

2.) Hubert Henle: Das Tonstudio Handbuch. GC Carstensen Verlag, 1998

3.) Andreas Friesecke, Die Audio-Enzyklopädie K.G. Saur München, 2007

4.) Stefan Weinzierl (Ed.), Handbuch der Audiotechnik,Springer Verlag, 2008

5.) Michael Dickreiter, Handbuch der Tonstudiotechnik, Band 1 + 2 , K.G. Saur München, 1997

Internetseiten

www.uaudio.com
www.uaudio.com/support/1176ln
www.uaudio.com/about/our-story
www.hairballaudio.com
www.mouser.com
www.mnats.com
www.gyraf.dk
www.adt-audio.de
http://www.soundonsound.com
www.bonedo.de/artikel/universal-audio-1176ln, 09/2012, Hannes Bieger
http://www.thomann.de
www.musikding.de

Zeitschriften

Professional Audio Magazin, 4/2007, S. 82–88, Michael Nötges
Sound & Recording 10/2008, S. 68 – 70, Hannes Bieger,
Sound & Recording 7/2007, S. 74 - 75

7.) Abbildungsverzeichnis

Abbildung 1. Platine Firma M.NATS 1176 LN REV F/G
Abbildung 2: Komponente des Zusammenbaus
Abbildung 3: Platine Rev F 1176
Abbildung 4 Schaltplan der Revision F / G
Abbildung 5: Verkabelung des Ringkerntransformators
Abbildung 6: Eingangsübertrager
Abbildung 7 Überprüfung der Wechselspannungsversorgung
Abbildung 8: + 30 V
Abbildung 9: - 10 V
Abbildung 10: Verlötung der ersten Bauteile außerhalb des Netzteils
Abbildung 11: Bestückung der Platine (komplett)
Abbildung 12: Verkabelung
Abbildung 13: Verdrahtung
Abbildung 14: VU Meter
Abbildung 15: Kompressor Frontansicht